DK
奇妙的感官

LOOK

神奇工程师

英国DK公司 编著

李桐 译

未小读
UnRead Kids

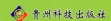

贵州科技出版社

家长看这里

这本书里有许多动手玩耍的简单活动，能激发孩子对自然科学的好奇心和创造力。书中的每一个活动都经过精心设计，让您的孩子能够边玩边学，培养他们所有的感官。和孩子们一起参与这些活动，可以培养他们对科学的热爱以及动手能力，也能拓展他们对世界的了解。

这里有一些小建议，让您可以在活动中更好地帮助孩子们：

在您的孩子做实验的时候，请时刻进行看护和引导。同时，请试着给孩子足够的时间和空间，让他们自己来完成实验活动。本书中所提出的问题只是建议，还可以让您的孩子提出自己的疑问，并通过自己的努力找到问题的答案。

让您的孩子参与到每一项活动的准备工作中来。可以让他们按照书中的提示来做，也可以鼓励他们尝试自己的想法，用自己感兴趣的方式去探索。孩子们的发现可能会超出您的想象！

"家长提示" 部分讲的是在什么情况下，您的孩子会需要大人的帮助。请保护好孩子的活动区域，鼓励他们活动时穿旧衣服。请让您的孩子尽情地享受这些活动吧。把家里弄得乱糟糟的也是快乐和学习独立的一部分！

家长提示

图书在版编目（CIP）数据

DK奇妙的感官. 神奇工程师 / 英国DK公司编著；李桐译. — 贵阳：贵州科技出版社，2020.5
ISBN 978-7-5532-0823-7

Ⅰ.①D… Ⅱ.①英…②李… Ⅲ.①感觉器官—儿童读物 Ⅳ.①R322.9-49

中国版本图书馆CIP数据核字(2020)第043425号

DK奇妙的感官：神奇工程师

英国DK公司 编著		出 版	贵州科技出版社
李桐 译		地 址	贵阳市中天会展城会展东路A座（邮政编码：550
选题策划	联合天际	地 址	http://www.gzstph.com
特约编辑	毕 婷 徐耀华	出 版 人	熊兴平
责任编辑	李 青	发 行	未读（天津）文化传媒有限公司
美术编辑	浦江悦	经 销	全国各地新华书店
封面设计	徐 婕	印 刷	深圳当纳利印刷有限公司
		字 数	50千字
		开 本	889毫米 × 1194毫米 1/16 3印张
		版 次	2020年5月第1版 2020年5月第1次印刷
		I S B N	978-7-5532-0823-7
		定 价	68.00元

混合产品
源自负责任的森林资源的纸张
FSC® C018179

本书若有质量问题，请与本公司图书销售中心联系调换
电话：(010) 52435752

目录

小脑袋有大创意!

你不需要安全靴、黄色安全帽和复杂的工具就能当一名优秀的工程师。你已经拥有了成为优秀工程师所需要的一切:你的大脑和你惊人的感官!

好奇的问题

通过问自己一些工程问题,你会创造出更好的东西。这里有一些在活动的过程中你可以问自己的问题:

- **我为什么要制作这样东西?**

- **我有没有制作它的其他方法?**

- **我能听到、闻到、看到、尝到、感受到什么?**

- **怎么把这样东西制作得更好?**

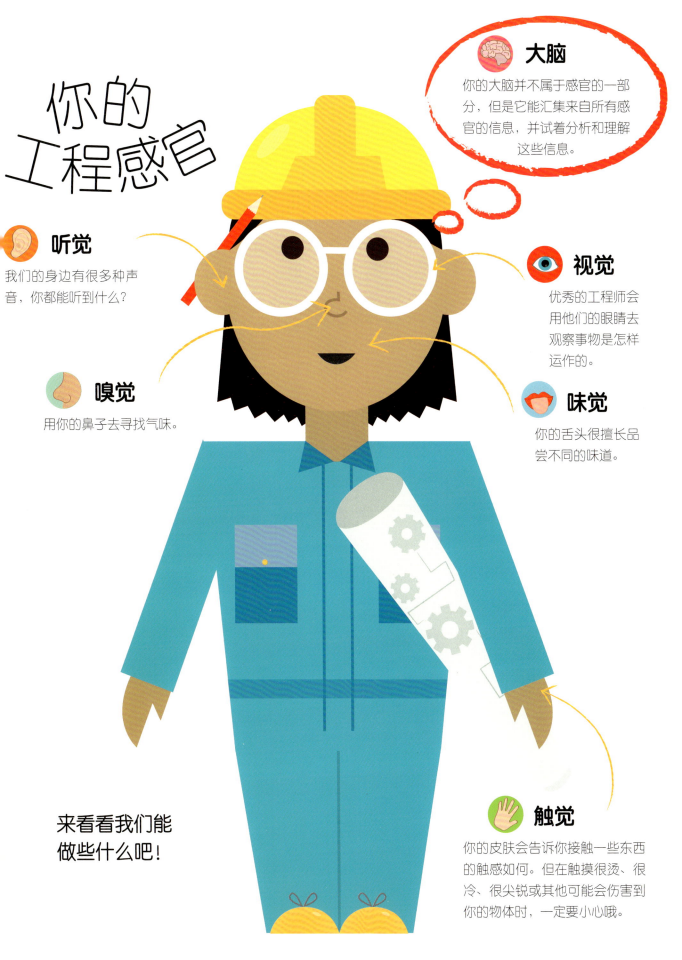

你的
工程感官

听觉

我们的身边有很多种声音，你都能听到什么？

嗅觉

用你的鼻子去寻找气味。

大脑

你的大脑并不属于感官的一部分，但是它能汇集来自所有感官的信息，并试着分析和理解这些信息。

视觉

优秀的工程师会用他们的眼睛去观察事物是怎样运作的。

味觉

你的舌头很擅长品尝不同的味道。

触觉

你的皮肤会告诉你接触一些东西的触感如何。但在触摸很烫、很冷、很尖锐或其他可能会伤害到你的物体时，一定要小心哦。

来看看我们能做些什么吧！

画出重力

每当你跳起来的时候，双脚最终会回到地面，这就是重力在起作用。制作一个神奇的颜料单摆，来验证重力是确实存在的吧！

在制作过程中可能会把周围弄脏，如果能在户外制作更好！

你需要：

加水稀释过的颜料

蓝丁胶

剪刀

底部被剪掉的塑料瓶

把你的单摆这样放置

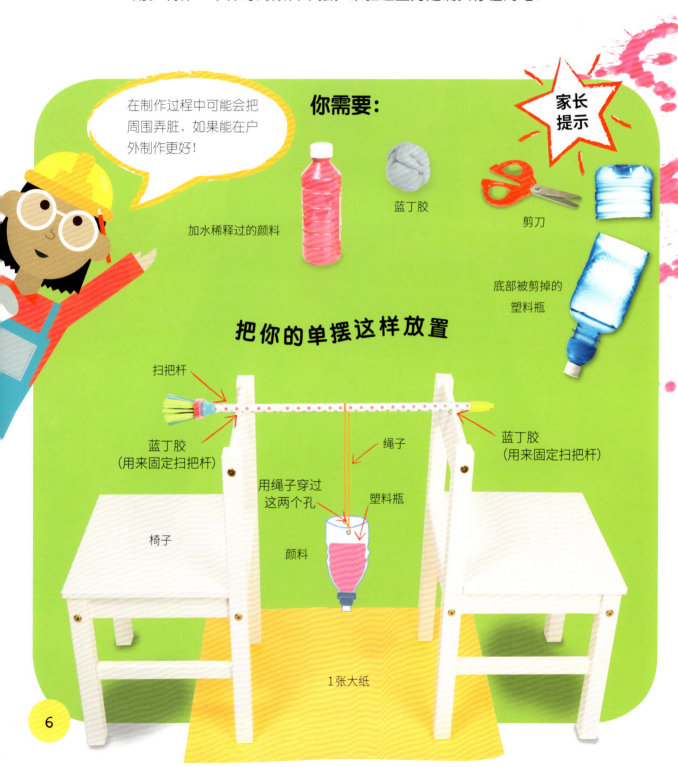

扫把杆

蓝丁胶
（用来固定扫把杆）

绳子

蓝丁胶
（用来固定扫把杆）

用绳子穿过这两个孔

塑料瓶

椅子

颜料

1张大纸

打开塑料瓶的盖子……

嗖嗖！

试着换一种其他颜色的颜料，这样就能画出更有趣的图案啦！

摆动你的单摆！

什么是单摆？

将绳子上端固定，末端系一个重物，这就做成了一个单摆。如果你推动重物后放手，它就会荡开，然后又荡回原来的位置，因为重力把它拉了回来。你的推动和重力的拉动使得单摆来回摆动。

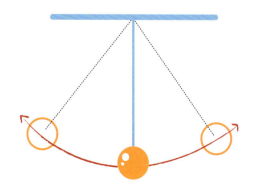

探索工程

 你会如何展示你漂亮的设计？

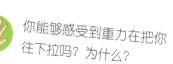 你能够感受到重力在把你往下拉吗？为什么？

 如果你把单摆的绳子变短一些，会发生什么？

起飞吧，降落伞

重力会把一切物体拉向地球。降落伞是一种可以让人从高空中安全着陆的好工具。在下面这些降落伞中，哪一个效果最好呢？

你需要：

你可以使用现成的小人偶，也可以用绒铁丝制作一个。

同样大小的正方形

3个不同材质的正方形
（可以用塑料购物袋、布料和餐巾纸制作）

绒铁丝做的小人偶或现成的小人偶

剪刀

绳子

1

把每个正方形的4个角都打上孔，然后在每一个孔里都系住一根绳子。

2

将绳子的另一端系在小人偶身上，然后从高处抛下这些降落伞。

下降速度最慢的降落伞是最安全的！

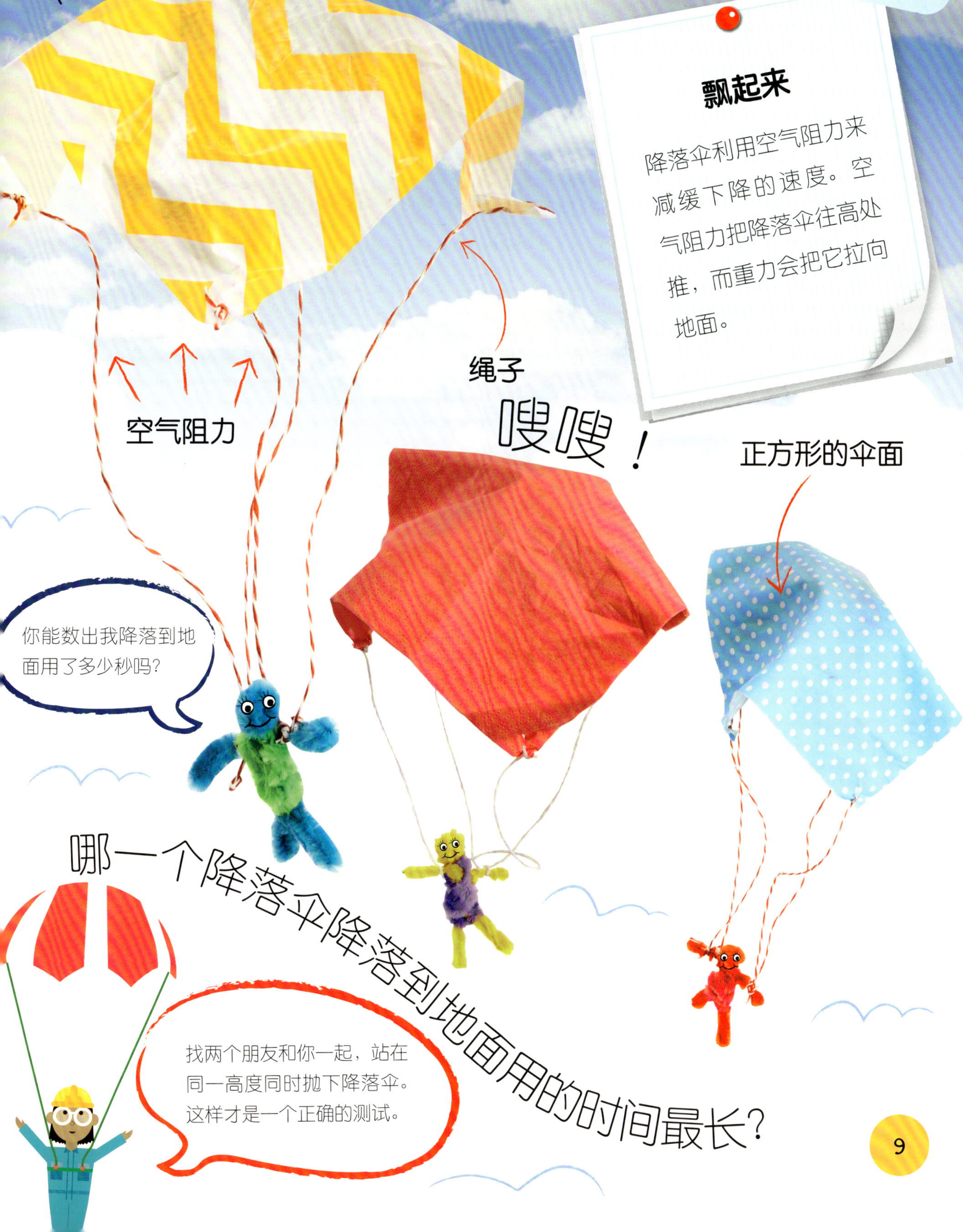

飘起来

降落伞利用空气阻力来减缓下降的速度。空气阻力把降落伞往高处推，而重力会把它拉向地面。

空气阻力

绳子

嗖嗖！

正方形的伞面

你能数出我降落到地面用了多少秒吗？

哪一个降落伞降落到地面用的时间最长？

找两个朋友和你一起，站在同一高度同时抛下降落伞。这样才是一个正确的测试。

9

在空中飘浮

也许你不会总是很明显地感受到周围的空气，但是空气的力量非常强大。让我们制作这样一件玩具吧，它需要你利用从肺部吹出来的气让小球飘浮起来。

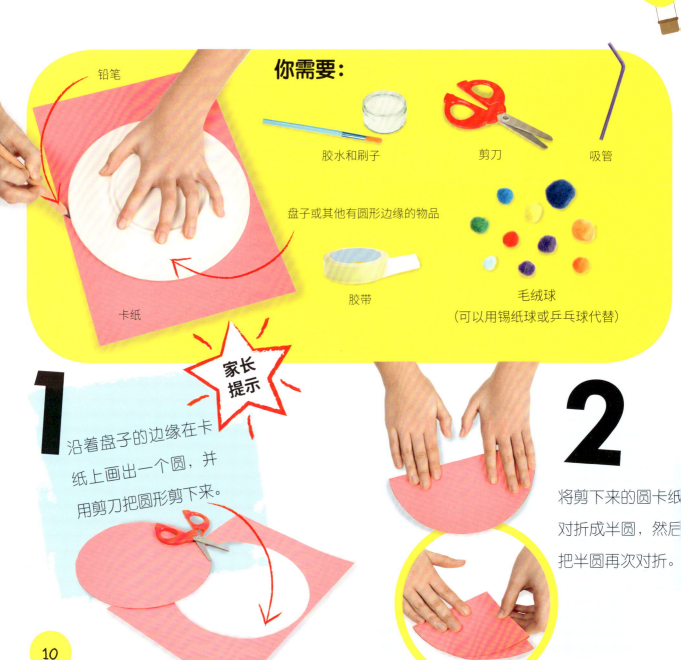

你需要：

铅笔

卡纸

胶水和刷子

盘子或其他有圆形边缘的物品

胶带

剪刀

吸管

毛绒球
（可以用锡纸球或乒乓球代替）

家长提示

1 沿着盘子的边缘在卡纸上画出一个圆，并用剪刀把圆形剪下来。

2 将剪下来的圆卡纸对折成半圆，然后把半圆再次对折。

10

3

剪掉四分之一的圆卡纸。

把圆卡纸剩下的部分卷成一个圆锥帽，并用胶水将边缘粘牢。

在圆锥帽的尖部剪一个孔。

4

将吸管穿进孔里并用胶带固定。然后把小球放到圆锥帽里，往吸管里吹气。

往吸管中快速吹气会形成一阵小风，这对小球下落形成了阻力。

你可以把圆锥帽装扮成怪兽的样子！

探索工程

你能让小球飘浮多高？

你能听到吸管中空气流动的声音吗？

为什么小球飘起来后还是会回到圆锥帽里？

用力吹气！

吸管

孔

最棒的纸飞机

制作纸飞机的方法有很多，下面介绍一种我们最喜欢用的方法。欢迎登机！

你需要：

长方形的纸

1

把纸纵向对折后展开，此时纸张正中间会出现一道折痕。

2

将纸顶部的两个角向下沿着中间的折痕对齐折好。

3

把之前折好的两个角再次沿着中间的折痕对齐折好。

4

沿着中间的折痕把纸飞机翻过来对折。

5

把纸飞机两侧的机翼向下折叠。

13

探索工程

 纸是制作真飞机的好材料吗？为什么？

 为什么你的纸飞机最终会落回地面？

 你能听到你的纸飞机飞行的声音吗？当天上真有飞机经过时，你能听到它的声音吗？

让你的纸飞机变重，它就能飞得更远！在纸飞机上粘几颗纽扣，看看它飞行时会有什么变化。

这架纸飞机两侧的机翼上，粘有相同数量的纽扣，为什么这样做很重要呢？

飞机是如何起飞的?

当飞机快速前进时，空气会通过机翼产生一种向上的升力。这种向上的升力比向下拉的重力要大很多，所以飞机就飞起来了。

测试你的纸飞机吧，把它抛出去，再量量它飞了多远。

升力

重力

制作一个救生木筏

你的玩具被困在了荒岛上，你能制作一个最棒的漂浮木筏
把它们救出来吗？

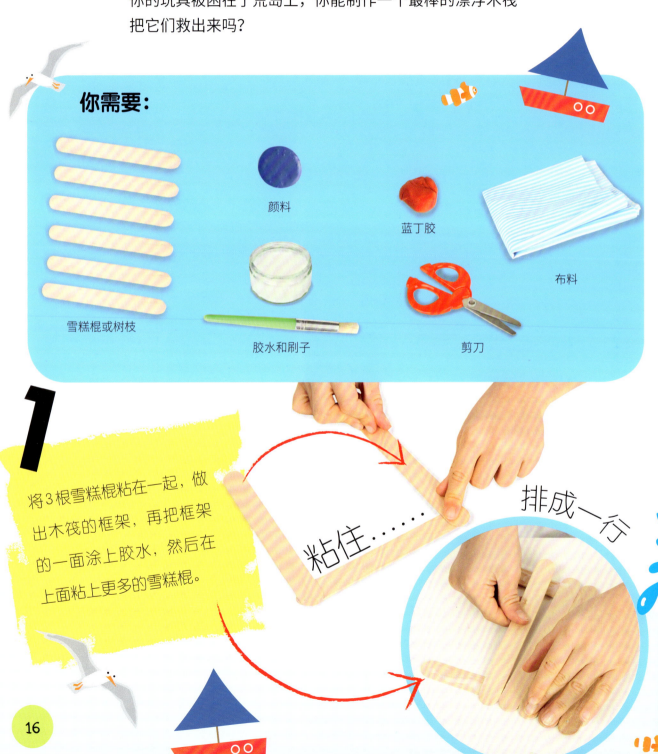

你需要：

颜料

蓝丁胶

布料

雪糕棍或树枝

胶水和刷子

剪刀

1

将3根雪糕棍粘在一起，做
出木筏的框架，再把框架
的一面涂上胶水，然后在
上面粘上更多的雪糕棍。

粘住……

排成一行

16

2

给你的木筏
涂上颜色。

风力

真正的帆船是通过风鼓动
船帆移动的。

船帆

3

装饰你的木筏。把布
料粘到一根雪糕棍
上当作船帆，然后用
蓝丁胶把这根雪糕
棍固定在木筏上。

渡河啦！你可以用
软木塞做几个像我
们一样的玩具水手。

用纸浆鸡蛋托做一个
纸浆救生筏。你可以
把一个个蛋托当作玩
具水手们的座位。

建造一只
能航行的船

我们生活中的很多船都安装了螺旋桨，它能在水中旋转，从而推动船只前进。
你也来建造一只能航行的小船吧！

你需要：

酸奶杯

胶水和刷子

2根雪糕棍

做装饰用的纸

颜料

胶带

雪糕棍

剪刀

正方形的塑料片

塑料盒（可用冰激凌盒或塑料饭盒）

做装饰用的纸

橡皮筋

1 在塑料盒的两侧，分别用胶带固定一根雪糕棍。

2

给你的小船涂上颜色并装饰一下。你可以用胶水把酸奶杯粘在塑料盒的盖子上，当作小船的烟囱。

装饰一下……

你的非凡小船！

3

制作螺旋桨

将橡皮筋撑开，套在小船两侧的雪糕棍上。从其他塑料盒的盒盖上，剪下一块正方形的塑料片，并在上面剪两道小口来制作你的螺旋桨。然后把塑料片沿着剪出来的两道小口，插在一段橡皮筋上。

一圈又一圈地拧转螺旋桨。

弹力

你反复拧转螺旋桨的同时，橡皮筋会被拉伸变形，产生一种要恢复原状的力。当你松开手的时候，橡皮筋就会释放这种力，从而让螺旋桨旋转，推动你的小船前进。

测试你的小船吧！

上船啦！是时候找出哪个救生木筏或小船，能更好地帮你救出困在荒岛上的玩具了。

测试一下这些小船，看看它们是不是真的能在水上漂浮！

哪种材料制作的小船最适合在水上漂浮？塑料盒做的，纸浆鸡蛋托做的，还是木头雪糕棍做的？把它们都放进水中测试一下吧！

塑料盒小船是用一个充满空气的盒子做的，这使得小船很轻，并且很容易在水上漂浮。

拍水

泼水

船是如何漂浮在水上的?

一种叫作浮力的特殊力量,会把放进水中的物体向上推,使它们漂浮在水上。

浮力

探索工程

👁 在船不沉没的情况下,哪只小船装载的玩具最多?

✋ 哪只小船拿着最轻?哪只小船拿着最重?

🧠 你坐过船吗?坐过什么类型的船?

你能让小船在水里开动起来吗?

我还以为我们要永远被困在荒岛上了!

对着船帆吹气,能让救生木筏开动起来吗?如果你拍打水面,救生木筏会发生什么变化?

塑料盒小船是由螺旋桨推动的。你拧转橡皮筋和螺旋桨的圈数越多,螺旋桨转动得就越快。

有趣的
阳光加热器

太阳是一个充满燃烧气体的大火球，它能够释放大量的热量。太阳还给我们的地球带来了光和热。你可以利用太阳的热量加热一些美味的点心。

厨房锡纸

尺子

保鲜膜

黑纸

比萨盒

你需要：

胶带

铅笔

胶水和刷子

剪刀

棉花糖和饼干

铅笔

尺子

1

在比萨盒的盒盖上画出正方形的三条边，小心地把这三条边剪开，做成一个可以翻开的纸板。

家长提示

2

把厨房锡纸粘在纸板的内侧，做成一个反射板。记得把锡纸亮闪闪的那面露在外面。

粘住

厨房锡纸

胶带

保鲜膜

3

打开整个比萨盒的盒盖，用胶带在盒盖内侧粘一层保鲜膜。

4

把黑纸铺在比萨盒的底部，再把你的棉花糖和饼干摆放在黑纸上。

深色还是亮色？

深色物体更容易吸收来自太阳的热量，因此它们可以快速变热。亮色物体正好相反，它们会把接收到的一部分光和热反射出去。因此反射板会把接收到的一部分太阳光和热向你的食物反射。比萨盒里的黑纸也容易吸收太阳的热量。它们在共同加热你的食物。

5

用尺子或木棍

尺子

把反射板支开。

挑一个暖和的晴天，再去外面加热食物吧。

6

小心地转动你的太阳加热器，使阳光直射在上面。

等着你的美味点心出锅吧！

这可能会需要一点儿时间，因为它取决于外面的天气有多热，阳光有多充足。

太阳的热量让"我"的身体内部变得黏糊糊的。

嗯，好香，可以吃啦！

融化的顶部

探索工程

- 你的点心尝起来怎么样？
- 你的皮肤能感受到太阳释放的热量吗？
- 你还可以利用太阳的热量加热哪些食物？

救命啊，他要把我们吃掉了！

绿色能源

地球通过太阳光的辐射获得太阳能，这是一种可再生能源，也叫绿色能源。太阳能不会污染我们的地球，而且是取之不尽的。太阳能电池板是利用太阳能发电的。有人会在他们的房顶上放一些太阳能电池板，来给自己家供电。

太阳能电池板

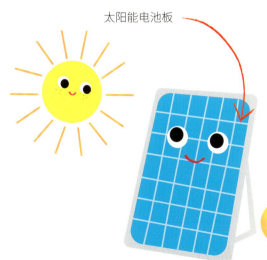

神奇的
森林小屋

无论你是打算为小仙子还是为小地精建造一个小屋，都可以运用神奇的工程知识，来把小屋建造得超级稳固和安全。

你需要：

木棍

丝带

树叶和小树枝

绳子

玩具（可选）

笔刷

颜料

1

选2根同样长的木棍，在中间靠上的地方，用一根绳子把它们系在一起。

打一个结

2根木棍

2

把第三根木棍和前两根木棍交错绑在一起，做成一种三脚架的形式。

这个小屋就像一个帐篷。

小心地让木棍保持平衡。

3

把第四根木棍系在合适的位置，然后将小屋立起来。

三角形

平面上的三条直线可以围成一个三角形。这种稳定的形状在工程里的应用非常多。你能在你的小屋中看到多少个三角形呢？

三角形

把漂亮的丝带 缠在树枝上

给木棍涂上颜色

装饰你的小屋

树叶

4

用树叶、泥巴和装饰好的小树枝做成小屋的墙壁，阻挡雨水的入侵。

向里面看一看……

和父母、朋友一起去森林里，搭建一个你们也可以居住的小屋吧！

这个宽敞的森林小屋！

你搭建的小屋里
居住着哪些
神奇的生物？

在小屋里铺一些树叶，
为我们做个舒服的地板吧！

遮风挡雨

泥巴是一种非常好的建筑材料，因为它干燥以后，会变得又硬又结实。你可以把小屋建造在隐蔽的地方，以防风雨的侵袭。

哇！

小昆虫的 家

精心布置你的花园或窗台，让它成为小昆虫尽情玩耍的完美乐园吧！
谁知道会有哪位神秘客人来拜访呢？

花盆

竹棍

蜜蜂的家

蜜蜂喜欢睡在小洞里。你可以将花盆插满木棍，来帮蜜蜂制作一个简易的小家。最好是用竹棍，其他的木棍也可以。

家长提示

把这个独特的蜜蜂小家挂在树上，等着蜜蜂的光临吧。

把绳子绕着花盆系好。

30

你能找到多少只小昆虫？

可以卷的
纸板

薰衣草

家长
提示

稻草

种子穗

木棍和
树叶

苔藓

蜜蜂非常重要

蜜蜂可以传播花粉。当它们在花朵中穿梭时，无意间把花粉从一朵花传到了另一朵花上，这样可以帮助植物更好地生长和繁衍。把你制作的蜜蜂小家放到花丛附近，让蜜蜂帮它们传粉吧。

小昆虫旅馆

建造一个有很多房间的小昆虫旅馆吧！把一些花盆填上不同的自然材料，去吸引各种各样的小爬虫。小心地把花盆堆在一起，就像一个多层旅馆那样。

什么时候可以入住呀？

搭建桥梁

桥梁可以帮助行人和车辆顺利通行，但是建造一座又长又稳固的桥梁可没那么容易！你能尝试把卡纸做成不同形状，来搭建一座最稳固的纸桥梁吗？

你需要：

蓝丁胶

积木

不同大小的卡纸

玩具车

简单的桥梁

横梁桥是结构最简单的一种桥梁。把一张较短的卡纸用蓝丁胶固定在两边的积木桥墩上，就能搭建出一座横梁桥。

哪一座桥梁……

长长的桥梁

有时候你需要通过一座长长的桥梁才能继续向前走。你能试着搭建一座较长的横梁桥吗？

弯曲的拱形

如果你想搭建一座拱桥，需要先搭建一座横梁桥。然后在它的横梁下方，小心地插入一张弯曲的卡纸。

折叠架构形式

把一张卡纸像折扇子一样折叠。再把折好的卡纸放到横梁桥的横梁下方，这样就搭建出了一座折叠架构形式的桥。

最稳固呢？

用玩具车测试桥梁的抗压能力

长长的横梁桥

重力把玩具车向下拉，压弯了桥梁。

> 重力是一种把物体向下拉的力，因此桥梁需要搭建得很稳固，才能承受住重力。

在你的桥梁不被压弯的情况下，看看上面分别能放几辆玩具车。

桥梁测试

桥梁的抗压能力取决于它是怎样分散重量的。看看图中箭头的方向，想一想每座桥梁上的重量是怎样被分散开的。

拱桥

玩具车的重量是通过拱面分散的。

如果承载的物体不太重，
较短的横梁桥也很好用。

探索工程

你能看到桥梁被玩具车压弯了吗？

你能用手感受到玩具车的重量吗？

你觉得生活中的桥梁是用什么材料搭建的？

折叠架构形式的桥

玩具车的重量会被折叠架构分散出去。

甜甜的 金字塔

金字塔是一种尖头建筑，它的每个侧面都是三角形。古埃及人为他们的国王和王后建造了石头金字塔。你可以用方糖建造一个迷你金字塔。

你需要：

温水

糖霜

很多方糖

> 用勺子舀一些糖霜放进碗里，加水搅拌成黏稠的糖糊。

1

用方糖搭建一个正方形的塔底，保证每条边上有相同数量的方糖。

勺子

> 建筑工人使用砂浆把砖头粘在一起。我们的砂浆就是糖糊！我们还不知道，古埃及人建造金字塔的时候是否使用了砂浆。

2

通过在底座上用方糖码一层层更小的正方形，来建造你的金字塔，每层之间用糖糊粘住。

最后一块

探索工程

 你的金字塔尝起来是什么味道的？

 你认为古埃及人建造金字塔的时候，使用什么把石块粘在了一起？

 等糖糊凝固后，试着用手戳一戳或晃一晃你的金字塔，看看它有多稳固。

几千年前古埃及人在没有机器帮助的情况下，建造了许多金字塔。其中有很多金字塔保存至今。我们现在看到大多数金字塔的侧面是平滑的，但是最古老的金字塔是有台阶的，就像你的金字塔那样。

左塞尔（阶梯）金字塔

撒上红糖

舔一舔你的金字塔，尝尝是什么味道的，但是不要把它吃掉哦！

会动的图画

在电影院、电视机和平板电脑出现以前，人们利用图画来让故事更加动人。你想让什么样的图画变得生动呢？

你需要：

卡纸

剪刀

双面胶

铅笔

1 在卡纸上剪下两张一样大的圆纸片，在其中一张圆纸片上画一朵花，另一张圆纸片上画一只蝴蝶。

粘住!

2

用一支铅笔当支柱，把
两张圆纸片没有图案的
那面相对粘在一起。

如果你旋转铅笔的速度足够快，
视觉效果会让你以为两张圆纸片
上的图画合为了一体。

3

双手快速搓动，旋转铅笔。
这时你看到了什么？

旋转！旋转！旋转！

动画片

你在电视上看到的一些动画片，实
际上是用一张张静态的图画制成
的。这些图画之间只有一些细微的
差别，而且动作是连贯的。所以当
它们被连续播放时，视觉效果会让
你以为图画中的人物在动。

彩虹光

这个很酷的玩具叫万花筒。制作一个属于自己的万花筒吧，看看光线是如何被亮闪闪的东西反射的。

你需要：

厨房锡纸

保鲜膜

长方形卡纸

家长提示

有透明盖子的
薯片桶

五颜六色的小东西
（像彩色碎纸屑、
彩色珠子、星星亮片）

胶水和刷子

透明胶带

1

把厨房锡纸不太闪亮的那面粘在卡纸上。

2

将卡纸纵向折成一个三棱柱，用胶带把边缘粘住，然后把这个三棱柱插进薯片桶里。

你可以用彩色包装纸装饰你的薯片桶。

把这两条边粘住

亮闪闪的东西

光线通过亮闪闪的东西时会被反射出去。例如镜子，当光线照到上面时会被反射出去，从而形成物体的影像。因此你会看到两个相同的物体——物体本身和它的影像。你的万花筒里有三面亮闪闪的锡纸，它们就像三面亮闪闪的镜子，所以你会看到很多影像。

"万花筒"在古希腊语里的意思是：观看美丽的形状。

3

在薯片桶的盖子里放上大量漂亮的小东西。你可以挑一些粘在盖子上，其余的不粘。

4

把盖子的内侧封上保鲜膜，然后拉紧保鲜膜把盖子盖回薯片桶。

5

剪掉盖子边缘多余的保鲜膜。

6 小心地用剪刀在薯片桶的底部钻出一个观察孔。

家长提示

探索工程

薯片桶里的薯片吃光后，你才能拿来做万花筒。薯片吃起来味道怎么样？

旋转万花筒的时候，你从观察孔里看到了什么？

你还能找到哪些能够反射光线的东西？

一边旋转万花筒，一边从观察孔去欣赏漂亮的形状和颜色吧！

43

火箭 工程

快来制作一些属于你自己的超级简易小火箭吧。
神奇工程师，你打算乘坐火箭前往哪个星球呢？

你需要：

纸

水彩笔

剪刀

胶带

吸管

2 剪一张长纸片，卷成长纸筒并把边缘粘住。一定要注意让吸管能够穿过纸筒。

你可以多做一些小火箭，这样就能和朋友们来一个火箭比赛啦！

1 用水彩笔画一个小火箭并剪下来。不要把小火箭画得太大，不然它很难起飞。

3

用胶带把长纸筒的一头封严并固定在火箭上，另一头留着用来插吸管。

4

把吸管插到小火箭的长纸筒里。现在要准备发射火箭啦！

你往发射筒里使劲吹气，就能把小火箭发射出去。

3─2─1

吹气！

火箭科学

真正的火箭要燃烧大量的燃料来发射。燃料燃烧会产生气体。当这些气体从火箭中喷出的时候，会产生一种巨大的推力，从而把火箭发射出去。真正的火箭和你的小火箭都是依靠推力前进的，只是真正的火箭需要的推力要大得多！

看，你是一个神奇工程师了！

那些和你一样优秀的工程师会利用他们的大脑、创造力和所有感官，去发明一些不可思议的东西，让世界变得更加美好。

这有多酷？

你发挥你的创造力，制作出了非常奇妙又有趣的东西，这个过程会让你获得乐趣，变得更有创造力。

这有什么用途？

如果你制造出的这件酷酷的东西很有用，还能帮助人们解决一些问题，那就更好了。如果你想到了一些需要修理或想要发明的东西，那就赶紧动手制作吧！

我能成功吗？

当你决定制作一样东西，下一步就是弄清楚如何去做。想想使用哪种设计和材料效果最好，然后去试试。

不要放弃

当你第一次创造新东西的时候，可能不会成功，第二次、第三次可能也不会成功。成功也许需要一些时间。但是你可以从每次的失败中学到经验，把你的东西制作得更好！

世界上有各种各样的工程师。从建造火箭、房屋，再到计算机，每个工程师都在做着自己热爱的事情。

做得真棒！

（在这里写下你的名字）

是一个神奇工程师了！

索引

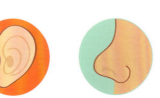